了不起的中国

辉煌文明

鹿 临 / 主编

三辰影库音像电子出版社
北京

图书在版编目（CIP）数据

了不起的中国. 辉煌文明 / 鹿临主编. -- 北京：三辰影库音像电子出版社，2023.1（2024.1重印）
ISBN 978-7-83000-569-6

Ⅰ. ①了… Ⅱ. ①鹿… Ⅲ. ①科技成果－中国－青少年读物②中华文化－青少年读物 Ⅳ. ①N12-49 ②K203-49

中国版本图书馆 CIP 数据核字(2022)第 161743 号

了不起的中国. 辉煌文明

著　　者：	邹　斌
责任编辑：	龙　美
责任校对：	韩丽红
出版发行：	三辰影库音像电子出版社
社址邮编：	北京市朝阳区金海商富中心 B 座 1708 室，100124
联系电话：	（010）59624758
印　　刷：	天津泰宇印务有限公司
开　　本：	880mm×1230mm　1/32
字　　数：	192 千字
印　　张：	10
版　　次：	2023 年 1 月第 1 版
印　　次：	2024 年 1 月第 2 次印刷
定　　价：	68.00 元（全 4 册）
书　　号：	ISBN 978-7-83000-569-6

版权所有 侵权必究

前言

我们的中国，是一个有着五千年灿烂文明的古国，有着深厚的历史文化底蕴。在人类漫长的发展进程中，我们的祖先创造了光辉灿烂的物质文明和精神文明，推动了人类社会的发展，影响了世界文明的前进。

我们的中国是一个了不起的国家，举世闻名的"四大发明"，名扬海外的丝绸和瓷器，人造卫星升空，"两弹"试爆成功，三峡大坝投入使用，南水北调、西气东输开启，国产航母下海，国产大飞机首飞，复兴号列车飞速疾驰等接踵而来的突破创新，让人刮目相看的卓越成就，充分说明了中国综合国力的增强，充分显示了中国的崛起和复兴，让我们感受到了"中国力量"，体会到了真正的"了不起"。

今天的中国正在奋发图强、自主创新、飞速发展，在众多领域不断突破，缔造出一个又一个"中国奇迹"。为了让广大少年朋友了解和感受到更多的"中国力量"，我们精心编撰了这本《了不起的中国》，详细介绍了我们的祖国取得的举世瞩目的成就，这里不仅能看到"北斗"导航系统、中国"天眼"等大国重器，5G技术、"墨子号"量子科学实验卫星等强国科技，还能看到港珠澳大桥、高速铁路工程、南极科考项目等超级工程，以及丝绸之路、农耕文化、传统文学等辉煌文明。通过阅读本书，你将感受到今日中国飞速发展带来的震撼，尊崇先辈们不畏艰险、埋头苦干、开拓进取的美好情操。

少年强则国强！希望本书不仅能拓展青少年的知识面，还能让他们看到中国发展的崭新面貌和后续力量，激发他们强烈的爱国热情和自强不息的精神，为努力实现中国梦而努力！

目录

万里长城

长城修筑史 …………………………………… 2

长城的构造 …………………………………… 3

现存著名的长城 ……………………………… 4

秦始皇陵兵马俑

秦始皇陵 ……………………………………… 6

陶俑与陶马 …………………………………… 7

鲜艳和谐的色彩 ……………………………… 8

青铜兵器 ……………………………………… 9

世界性的声誉 ………………………………… 10

丝绸之路

丝绸之路的线路 ……………………………… 12

丝绸之路的开拓 ……………………………… 12

历史符号重获新生 …………………………… 14

敦煌莫高窟

千年开凿出的"千佛洞" ……………… 16
文化史上的空前浩劫 ……………… 17
莫高窟的结构 ……………… 18
彩塑艺术和壁画艺术 ……………… 19

京杭大运河

为何要开凿大运河 ……………… 22
古老的邗沟 ……………… 23
隋炀帝大力开河 ……………… 23
大运河直通南北 ……………… 24

北京故宫

明成祖迁都北京 ……………… 26
恢宏的规模 ……………… 27
外朝与内廷 ……………… 28

儒家思想

儒家思想的诞生及发展 ……………… 32
理学与心学 ……………… 33

蔡伦改进造纸术

西汉时期的纸 …………………………………… 36
"蔡侯纸"问世 …………………………………… 36
"蔡侯纸"的重要意义 …………………………… 37
造纸术的传播 …………………………………… 38

祖冲之与圆周率

"祖率"的诞生 …………………………………… 40
"祖率"的杰出成就 ……………………………… 41
后世对祖冲之的纪念 …………………………… 42

雕版印刷术与活字印刷术

雕版印刷术 ……………………………………… 44
活字印刷术 ……………………………………… 45
印刷术的影响 …………………………………… 46

从司南到指南针

发现磁石 ………………………………………… 48
司南与指南车 …………………………………… 48
指南针问世 ……………………………………… 49

黑色火药

炼丹术的副产品 ………………………………… 52

火药早期军事用途 ………………………… 53
火箭与火炮 ………………………………… 53

伟大的农业国度

水稻和大豆的故乡 ………………………… 56
养蚕缫丝 …………………………………… 57
《齐民要术》与《农政全书》 …………… 57

中国传统医学

"四诊法" …………………………………… 60
神奇的针灸 ………………………………… 60
古代名医 …………………………………… 61
《本草纲目》 ……………………………… 63

中国茶文化

茶文化起源与发展 ………………………… 66
陆羽和《茶经》 …………………………… 66
方兴未艾的茶文化 ………………………… 67

古代文学

《诗经》 …………………………………… 70
诸子散文 …………………………………… 70
唐诗与宋词 ………………………………… 71
明清小说 …………………………………… 71

万里长城

万里长城是人类文明史上最伟大的建筑工程之一，是全世界修建时间最长、工程量最大的国家军事性防御工程。万里长城不仅是古代中国测量、规划设计、建筑和工程管理等领域高超水平的反映，也是中华民族磅礴气势和聪明才智的象征。

长城修筑史

根据史料记载，公元前7世纪时，中国处在诸侯争霸的春秋时代，南方的楚国为了抵御北方敌人的侵扰，修筑了近千里的"方城"，这就是最早的长城。其后，北方的齐国、燕国、魏国、赵国、秦国等出于类似的目的修筑了各自的长城。

秦朝统一六国后，开始直面强大的游牧民族——匈奴的威胁。为了保卫北部边疆，保护和发展中原经济文化，秦始皇派大将蒙恬率领30万大军将匈奴击败并逐出河套地区，随后又让蒙恬率大军与各地民夫一道把各诸侯国长城连起来，修筑成绵延万余里（1里=500米）的长城，史称万里长城。

继秦朝之后，汉朝继续修筑长城，古丝绸之路有一半的路程就在汉长城沿线。汉朝之后，晋、北魏、北周、隋、唐、宋、辽、金、元等朝都不同规模地修筑过长城。明朝为了防御鞑靼、瓦剌等北方游牧民族的侵扰，开始大规模修建长城。到了清朝，长城不再用来防御外族，而是用来对内镇压，所以修筑得很粗糙，留存下来的也不多。我们今天看到的大部分长城是明长城，东起今辽宁省的虎山，西到甘肃省的嘉峪关，全长超过8000千米。

长城的构造

　　长城主要由城墙、关隘和烽火台等组成。其中，城墙是长城的主体，建在高山峻岭或平原险阻的地方，高度随地形的变化而变化，最高达10余米，宽度一般超过6米。城墙顶部修着很多齿形的垛口，还有用来瞭望和射击的小口。

　　关隘是在长城咽喉要道设立的驻兵据点，既用来进行军事防御、控制交通，也用来征收关税。关隘由城门、城门楼、瓮城等组成，其中城门楼是战斗据点，也是观察所

和指挥所。著名的关隘有"天下第一关"山海关、嘉峪关、玉门关等。

烽火台是利用烽火来传递军事情报的建筑，通常设置在最易被其他地方观察到的山顶上。遇到紧急军情时，白天会燃烟或悬旗、敲梆、放炮，到了晚上就会燃火或点灯笼。

现存著名的长城

目前保存得最完好的长城要数八达岭长城。此外，居庸关长城、慕田峪长城、司马台长城、金山岭长城、黄崖关长城等也是现在观赏长城的好地方。

孟姜女哭长城的故事是真的吗？

孟姜女哭倒万里长城的故事，是我国古代著名的民间传说。这个故事当然是虚构的，学者考证其原型出自《左传》《列女传》等古书，说的是春秋时期齐国大夫杞梁的妻子，由于丈夫战死之后没有得到国君的依礼吊唁，便在齐国的城墙下痛哭十日，城墙崩塌。大约在唐朝，这个故事演变为孟姜女千里寻夫、哭崩秦朝万里长城的动人传说。

秦始皇陵兵马俑

兵马俑是我国古代辉煌文明的一张名片，代表了我国古代陶塑艺术的辉煌成就，精湛的工艺和恢宏的气势，都令后人叹为观止。秦始皇陵兵马俑在规模和写实程度上都达到了古代陶塑艺术的巅峰，既是史上首位皇帝意志的体现，也是我国古代工匠智慧的象征。

秦始皇陵

公元前210年,中国历史上第一个皇帝秦始皇嬴政病逝。他的陵墓在他生前就开始修建了,共耗费了近40年的时间才建成,位置就在今陕西省西安市临潼区东的骊山北麓,是史上首座规模庞大、设计完善的帝王陵寝。

秦始皇陵是仿照秦朝都城咸阳的格局设计和建造的,呈长方形,地上部分以封土堆为中心,地下部分以地下宫城为核心。史料记载,地宫中建有很多宫殿,陈列着许多奇异珍宝,陵园四周则分布着大量陪葬坑和墓葬。

陶俑与陶马

在秦始皇陵东约1500米的地下6米的地方，发掘出了三个大型的陪葬坑，坑中发现了人类古代精神文明的瑰宝——兵马俑。兵马俑的一、二、三号坑，占地面积超过2万平方米，包含与真人、真马大小相仿的陶俑、陶马近8000件。无论是陶俑的衣甲、发丝还是陶马鞍鞯上的纹饰，工匠们都进行了生动鲜活的刻画，可谓纤毫毕现。

陶俑一般身高1.8米，分为车兵俑、立射俑、跪射俑、武士俑、军吏俑、骑兵俑与驭手俑等。陶俑的比例匀称，形象生动，神态逼真，不仅身份、年龄、服饰不同，而且神情各异。有的朝气蓬勃，有的老练深沉；有

的质朴憨厚，有的机警睿智；有的活泼开朗，有的威严凝重……千人千面、栩栩如生，将不同的个性特征统一在全军威武雄壮的气势中，无不体现了工匠们非凡的艺术功力。

陶马分为车马与乘马两大类，身长都超过2米，高1.7米以上。其中车马是用来挽拽战车的，一般4匹为一组；乘马带有鞍鞯，用来骑乘。陶马造型写实，都竖起耳朵、张大眼睛，身体健壮，给人一种简洁明快的美感。

鲜艳和谐的色彩

陶俑和陶马原本都有着鲜艳和谐的色彩。例如，陶俑的脸部和四肢都模拟肌肉的质感，为粉红色；头发、眉毛与胡须为黑色；眼角为白色，眼珠为黑色，甚至连瞳孔都进行了彩绘；衣服的颜色则有朱红、粉绿、粉紫、天蓝

等，衣领、衣襟、衣袖等边缘则是彩色的。很多陶俑在发掘过程中还有着鲜艳的色彩，但往往在出土十几秒后就氧化了，变成我们现在见到的土黄色。

青铜兵器

几乎每一个陶俑都手握青铜兵器，兵马俑坑中还散落着大量青铜兵器，目前已经发现的超过4万件，绝大多数是秦军实战所用的兵器。这些青铜兵器主要分为作战兵器和礼仪兵器两大类，包括剑、钩、矛、戟、戈、殳、铍、钺、弓、弩等，此外还有数量极多的青铜箭镞。这些青铜兵器不仅数量多，而且制作精良，还经过铬盐氧化处理，防腐抗锈能力都很强。很多兵器上留存着完整的铭文，刻着制作兵器的官署名称和工匠的姓名。

世界性的声誉

兵马俑已被联合国教科文组织列入《世界遗产名录》，是世界古墓稀世珍宝之一，既是中华民族的骄傲，也是世界的奇迹。迄今为止，已经有数百位外国政要参观过兵马俑，并纷纷给出很高的评价。其中，法国前总统希拉克说："世界上有七大奇迹，兵马俑可以说是第八大奇迹。"自此，兵马俑有了一顶"世界第八大奇迹"的桂冠。

秦始皇陵铜车马有什么独特之处？

秦始皇陵铜车马是继兵马俑之后的又一个重大发现，目前共出土两乘。铜车马主体为青铜，部分零部件为金银制成的。铜车马共有3000多个零件，每个零件都是先分别铸造好，再通过嵌铸、焊接、铆接、子母扣、销钉连接等机械连接工艺组装而成的。铜车马制作工艺复杂、结构合理、比例准确，其链条至今转动灵活，门与窗开闭自如，是世界冶金史上的杰出作品。

丝绸之路

　　连接东西方的"丝绸之路"是一条著名的商路，历史上无数商人率领着驼队，通过这条漫长的道路，将中国的特产——丝绸、瓷器、茶叶等源源不断地送往西方，又将西方的宝石、香料、葡萄、大蒜等送到了中国。东西方的文明成果，通过丝绸之路互相交流，加快了人类的文明进程。

丝绸之路的线路

一般认为，丝绸之路以今天的陕西省西安市为起点，到达甘肃省敦煌市后分成南、中、北三条线进入新疆维吾尔自治区，再经过中亚诸国通往欧洲。丝绸之路的主线路——从中国西安到意大利罗马，全长超过7000千米，途中有平坦、狭长的河西走廊，绵延不绝的山岭，茫茫的戈壁沙漠，无边无际的草原，郁郁葱葱的绿洲……这是一条神秘、多彩的道路。

丝绸之路的开拓

丝绸之路是在2000多年前开拓的。当时的皇帝汉武帝为了与北方的匈奴人作战，派出由郎官张骞率领的使团，打算越过当时由匈奴控制的河西走廊，前去联系曾被匈奴欺压并赶出故土的大月氏人，与大月氏人联合攻打匈奴。张骞率领使团从都城长安（今陕西省西安市）出发，

刚出汉朝边境不久就被匈奴人抓住了。此后，张骞等人在匈奴被关押了10年，后趁匈奴防备松懈逃了出来，又历尽艰辛来到了大月氏人生活的地方。但是，大月氏人此时早已重建家园，生活舒适的他们不愿意再与匈奴为敌。张骞等人无奈，只得返国，途中又被匈奴抓住，被关押1年多，趁匈奴内乱逃回长安。张骞虽然没能完成最初的任务，但是他对广阔的西域进行了一番细致的调查研究，并对西域各国的风土人情有了较为深入的了解。

7年之后，即公元前119年，张骞再次奉命出使西域，目的是联络与匈奴有矛盾的乌孙国，并宣扬大汉的声威。此时河西走廊已经被汉朝控制，张骞率领庞大的使团顺利到达乌孙国，但由于乌孙国内乱而没有实现此行的目的。

于是，他派出大批人马访问中亚各国，扩大了汉朝的影响力。张骞第二次出使西域回国后不久就病逝了，此后汉朝以及西域的使者和商人就开始络绎不绝地沿着张骞及其使团的脚步，来往于中国与西域各国。影响深远的丝绸之路正式开通了。

历史符号重获新生

"丝绸之路"这个名称，直到1877年才出现，它是德国地质地理学家李希霍芬在其著作《中国》一书中首创的，很快得到举世公认。在漫长的岁月中，丝绸之路作为和平、繁荣、开放、创新、文明之路，是中国与外国进行贸易和文化交往的要道，也是东西方文明交流对话的纽带。今天，我们借助这个举世闻名的历史符号，与沿线国家发展经济合作，将会再度推动世界文明的发展。

什么是海上丝绸之路？

海上丝绸之路几乎与陆上丝绸之路同时出现，起点主要是今天的广东省广州市、福建省泉州市和浙江省宁波市，通过南海和东海两条航线，将丝绸、陶瓷等运往东亚、东南亚、东非、欧洲以及沿线的国家和地区（后来逐渐扩展到全球），同时香料、药材等也通过这两条航线进入中国。

敦煌莫高窟

　　敦煌这座古老的城市，是古代丝绸之路的必经之地，也是东西方文化交会的地方。在那里，有一朵迷人的沙漠之花，就是敦煌莫高窟。莫高窟在甘肃省敦煌市东南的鸣沙山东麓崖壁上，是一座无与伦比的艺术宝库，号称"东方艺术明珠"。

千年开凿出的"千佛洞"

莫高窟是从公元366年开始开凿的,当时敦煌处于前秦的统治之下。僧人乐尊西游至敦煌鸣沙山,开凿出第一个洞窟。后来又有僧人继续开凿,并命名为"漠高窟",意为"沙漠高处的洞窟",后来改为莫高窟(一说是因为开凿洞窟功德无量,没有比这更高的功德了,因此得名),又称"千佛洞"。

后来,北魏、西魏和北周的统治者都笃信佛教,大力支持莫高窟的开凿。到了繁荣的隋唐时代,莫高窟更为兴

盛了。北宋、西夏和元代就很少新开洞窟了，多是对前朝的洞窟进行修复。元代以后，莫高窟就渐渐荒废了。

文化史上的空前浩劫

1900年，莫高窟藏经洞重见天日，洞中无数文化珍宝得不到腐朽的清政府的重视，却吸引了列强的目光。以英国人斯坦因、法国人伯希和为代表的探险家相继来到敦煌，从看守藏经洞的王道士手中骗取了大量珍贵的文物。就这样，藏经洞中绝大多数文物散落在国外，留在国内的只有一小部分，这是中国文化史上的空前浩劫。

莫高窟的结构

莫高窟南北长约1600米，现存有壁画和雕塑作品的洞窟有492个，分布在高度不等的断崖之上，上下通常分层。最大的洞窟超过200平方米，最小的洞窟不足1平方米。所有洞窟加起来，壁画达4.5万平方米，彩塑像有3000余身，飞天多达4000余身。这些洞窟有不同的风格和作用，如禅窟、殿堂窟、僧房窟、影窟等。

莫高窟的标志性建筑是一座高达40余米的九层楼，位于莫高窟第96窟的外层。九层楼造型奇特，宏伟秀丽，已经有千余年的历史，经历过多次重修。

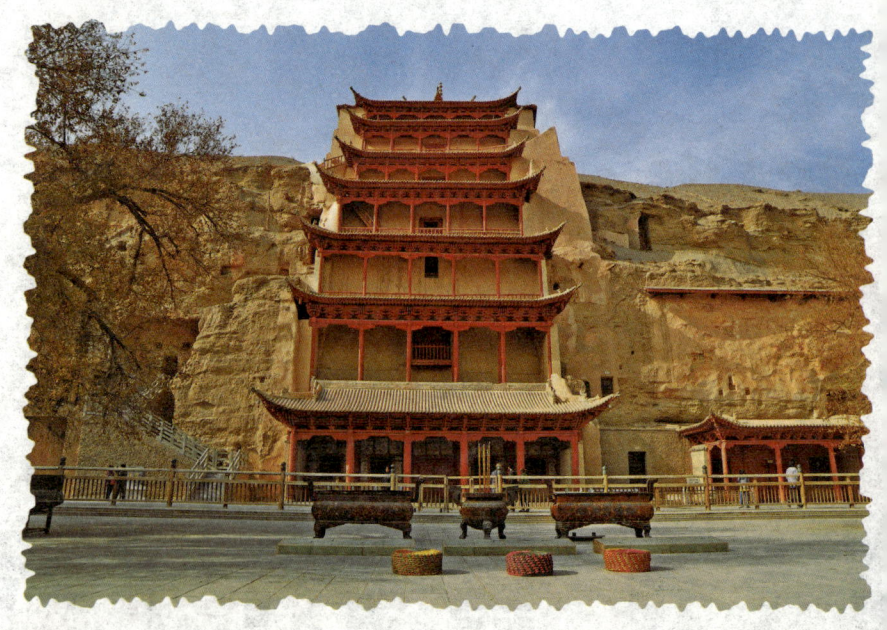

彩塑艺术和壁画艺术

莫高窟的艺术包罗万象,其中比较突出的是彩塑艺术和壁画艺术,均为不同民族艺术风格的融合,而且不同时期的艺术都有自己独特的面貌。

彩塑分为圆塑、浮塑、影塑、善业塑(用模子压制而成的陶质浮雕佛像)等。其中,隋唐时代的彩塑造像,堪称我国古代彩塑的最高成就。隋唐佛像的塑造手法注重写实,在一定程度上淡化了庄严、脱俗的气氛,特别是唐朝的彩塑菩萨,已经被塑造为美丽动人、富丽典雅的人间女子形象,绘饰细腻、肌肤丰腴、衣料质感十足,是唐朝时代精神的象征。

莫高窟壁画分为尊像画、经变画、故事画、佛教史迹画、建筑画、山水画、动物画、装饰画等,是莫高窟中数量最多、内容最丰富的艺术作品。这些壁画不仅是罕见的艺术珍品,也是珍贵的历史资料。其中,敦煌艺术的"金字名片"——飞天,几乎出现在所有有壁

画的洞窟中。飞天是佛教中的司歌、司乐之神,他们没有羽毛和翅膀,借助云彩凌空翱翔。千姿百态的飞天,加上飘逸的衣裙和彩带,使得这些壁画看起来自由舒展、千变万化。

莫高窟艺术为什么得到广泛重视?

莫高窟艺术是不同民族艺术优良传统与外来表现手法的融合,也是研究古代文化、宗教、政治、经济、民族关系、中外交流等的珍贵史料,是不折不扣的人类文化宝藏和精神财富,因而得到中外学者的广泛重视。

京杭大运河

全长1700多千米的京杭大运河，是世界上最长的运河，也是最古老的运河之一。它连通了长江、黄河、淮河、海河和钱塘江五大水系，为我国古代南北经济和文化的交流做出了巨大贡献，至今仍在发挥着重要作用，是"南水北调"工程的主要通道之一。2014年，京杭大运河被列入《世界遗产名录》。

为何要开凿大运河

在我国漫长的封建时代,北方长期是政治中心,但经济重心却呈现出逐渐南移的趋势。特别是在南北朝分裂局面结束、实现六国统一的隋朝,经济重心南移的趋势更为明显。因此,处于北方的中央朝廷,迫切需要南方的赋税与物资,特别是产自江淮产粮区的粮食,因为它是北方军粮的重要来源。

在古代,陆上交通工具十分落后,只能靠骡马大车乃至肩扛人挑运输,速度缓慢,运输量小,消耗却非常大。与之相比,水路相对便利,且运输量更大。但是,我国的大江大河多是自西向东横流的,要想实现南北的水路交通,就必须开凿一条纵贯南北的水路运输线路。因此,开凿大运河成为历史的必然,同时也是时代的需要。

古老的邗沟

京杭大运河的大规模开凿，是在隋朝开始的，其渊源却可以追溯到春秋末期。当时，都城位于今江苏省苏州市的吴国，为了方便与中原诸侯国争霸，于是在扬州市附近开凿了一条运河，将长江和淮河连接在一起，取名邗沟，又称淮扬运河、里运河。邗沟是京杭大运河的重要组成部分。

隋炀帝大力开河

到了隋朝，邗沟已经淤塞，国家要想进一步发展急需一条贯通南北的大运河。有着远大目标的隋炀帝，为了加强对全国的控制、方便南北交流，也为了满足自己巡游江南的享乐需求，于是动用了数百万民工，将包括邗沟在内的古代运河与自然河道连通起来，前后用了不到6年的时间就开凿出南至余杭（今浙江省杭州市）、北至涿郡（今北京市）的大运河，成为中国古代南北交通的大动脉。

隋朝灭亡后，后人将开凿大运河视为隋炀帝的一大暴行来谴责。但是客观地说，大运河是一项利在千秋的伟大工程。200余年后，晚唐诗人皮日休在自己的《汴河怀古》一诗中感叹："尽道隋亡为此河，至今千里赖通波。若无水殿龙舟事，共禹论功不较多。"对隋炀帝开凿大运河进行了高度评价。

大运河直通南北

继隋朝之后，唐朝和北宋都对大运河进行了疏浚、修整和开凿，但到了南宋，大运河逐渐淤塞，被人们废弃。元朝再度开始大规模开凿运河，并舍弃了隋唐大运河以洛阳为中心的相对曲折的线路，对大运河裁弯取直，花了10年的时间开凿出直通南北的新线路，比隋唐大运河缩短了900多千米的航程，运输效率大大增加了。

今天的京杭大运河还有哪些作用？

今天的京杭大运河经过大规模整修，集航运、灌溉、防洪和排涝等多种作用于一身，并被纳入"南水北调"三线工程之一，将长江下游的水送到北部缺水的地区，继续为经济、民生等做贡献。

北京故宫

北京故宫，旧称紫禁城，在明清两代近500年的时间内均为皇宫（元朝虽然以北京为都城，但元大都在明初即被废弃）。故宫是世界上现存最大的古代宫殿群，其规划与布局严整中不失灵活，气魄宏伟壮观，整体壮丽、和谐，无论是设计还是建筑，都堪称无与伦比的杰作。

明成祖迁都北京

明朝初期，都城是南京。后来，曾长期驻守北平（今北京市）的燕王朱棣发动"靖难之役"，打败自己的侄子建文帝朱允炆之后称帝，即明成祖。明成祖决定迁都北平，于是将北平改名为北京，并命人以南京紫禁城为蓝本，营建北京紫禁城。北京紫禁城于1406年开始建造，1420年基本竣工，明成祖下诏正式迁都。

此后，明清两代共24位皇帝生活在紫禁城。到了1924年，虽然早已退位但仍住在紫禁城中的清朝末代皇帝溥仪被冯玉祥赶了出去。次年，故宫博物院正式成立，收藏的文物达上百万件。

辉煌文明

恢宏的规模

　　紫禁城建成后，曾经历多次重建、改建，但原有的规模得到了保持。今天，故宫由数十个大大小小的院落构成，建筑面积达15万平方米以上，房间超过9000间。也就是说，一个人从出生开始每天住一间房且不重复，要到他27岁时才能住完。故宫的宫殿均为木结构，堪称世界上保存最为完整的木质结构古建筑。屋顶多为黄琉璃瓦，底座以青白石为主，饰以金碧

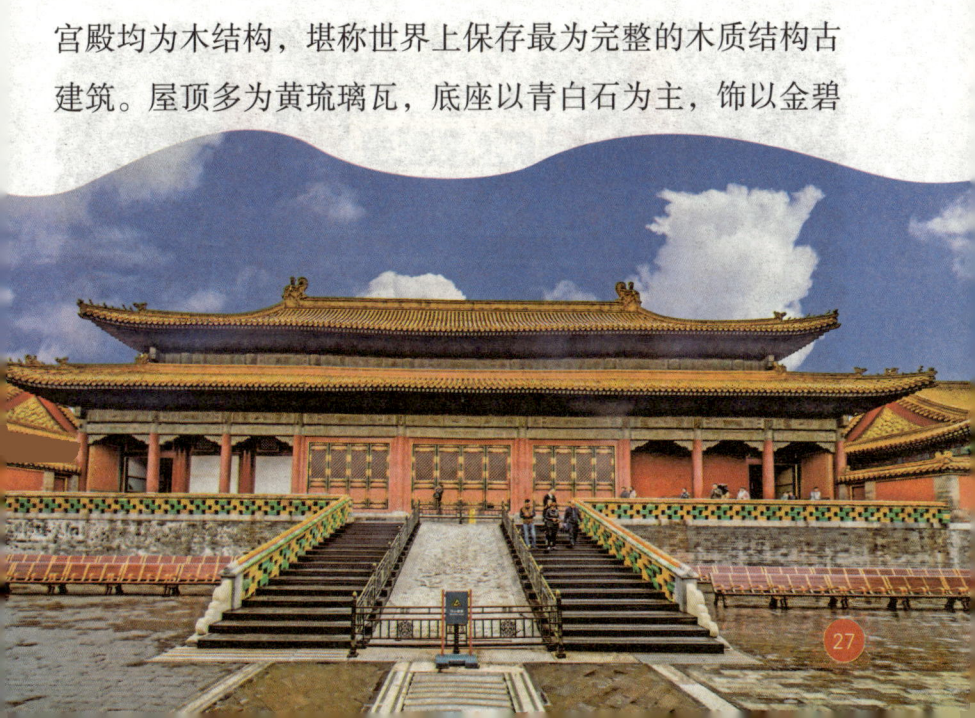

了不起的中国

辉煌的彩画。

　　故宫周围环绕着10多米高的围墙，围墙外还有50多米宽的护城河。故宫共有4个门，其中居于南北轴线上的正门就是午门，俗称五凤楼；东门为东华门；西门为西华门；北门为神武门，原名玄武门，因避康熙帝玄烨的名讳才改称神武门，是皇宫的后门。神武门对面，就是由土石筑成、松柏成林的景山，堪称故宫建筑群的屏障。

外朝与内廷

　　故宫是遵守《周礼·考工记》中"前朝后寝，左祖右社"的原则建造的，大致上可分为外朝与内廷两大部分，

辉煌文明

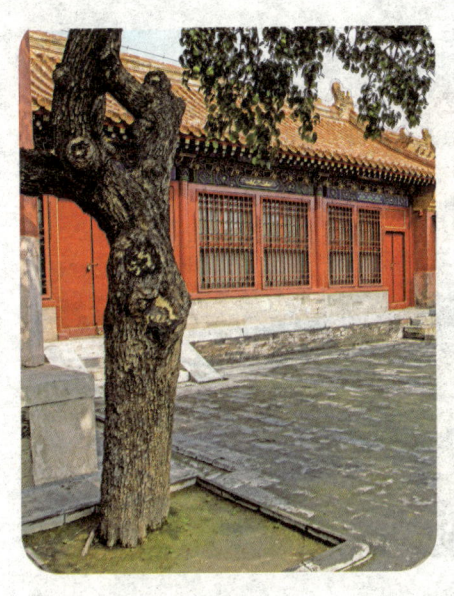

以乾清门为界限，乾清门以南是外朝，以北就是内廷。太和殿（明代称奉天殿、皇极殿，俗称金銮殿，是故宫建筑群中最巍峨、最壮丽的建筑）、中和殿、保和殿是外朝的核心建筑，是皇帝举行朝会和盛典的地方，此外还有文华殿、文渊阁、武英殿、内务府等建筑；内廷以乾清宫、交泰殿、坤宁宫为中心，是帝王与后妃居住的地方，此外还有养心殿、慈宁宫、寿安宫等建筑，再往后就是御花园。

外朝与内廷的建筑风格截然不同。外朝宏伟壮丽、明朗开阔，象征皇权的至高无上；内廷东西六宫自成一体，庭院深邃、建筑紧凑、环境清幽，追求生活上的豪华与舒

适。外朝与内廷高低起伏又融为一个整体，既符合封建社会的等级制度，又实现了左右均衡和形体变化的艺术效果。

古代紫禁城是如何防火的？

紫禁城是木建筑，相对容易发生火灾，历史上发生了数10起大大小小的火灾。为了防火，紫禁城的宫殿间会建设防火墙，屋顶上有避雷装置。新建的房屋会偏向石材结构，还将用火频繁的御膳房放在下风口。此外，护城河与宫内的内河连为一体，流经主要宫殿，方便取水救火，各大宫殿旁还设有日常备水的水缸。宫廷中还有"火班"，最多时超过1000人，如同现在专门的消防机构。

儒家思想

在我国历史上，有一段在思想史和文化史上都堪称辉煌灿烂的时期，那就是2000多年前的春秋战国时代。在那个群星闪烁的时代，儒家、道家、墨家、法家、名家、阴阳家、纵横家和杂家等学派互相争鸣，彼此诘难，大大促进了学术交流和发展。其中，儒家是对后世思想和文化影响最为深远的学派。

儒家思想的诞生及发展

儒家是由春秋末期鲁国人孔丘创立的学派。孔丘被后人尊为孔子,当过鲁国的大司寇,曾率领弟子周游列国,希望有诸侯任用自己,却处处碰壁,晚年回到鲁国,专心整理前人典籍,并积极教导弟子。孔子是开私人教学风气之先的伟大教育家,有着"因材施教""有教无类"等先进的教育思想。战国时代,孟子、荀子等从不同的角度对孔子的思想进行了补充,使其更为完善。汉武帝采纳了董仲舒的建议,正式把儒家思想定为官方思想。隋唐时代,儒家思想又成为科举考试的重要内容。到了南宋,儒家思想的集大成者朱熹总结了儒家先贤的经验,建立了庞大的理学体系,对后世的影响极为深远。

儒家思想是中国封建文化的主体,其最高宗旨是"治国平天下"。为了实现这一宗旨,儒家提倡德治,以"仁"为核心,倡导孝、义、诚、悌、智、忠、礼、勇、恕等道德规范。儒家还提倡礼治,重视教化,引导人民知"礼",严格上下等级秩序,目的是维护封建统治秩序。

理学与心学

儒家思想在汉朝之后依然长期被视为官方主流思想，但其地位却并不是毫不动摇的。道家思想与外来的佛家思想，是对儒家思想冲击最大的学说。到了北宋时期，演绎孔子学说并兼取佛道思想的理学思想诞生了，这是我国古代最精致、最完备的理论体系。

理学思想的创始人是北宋哲学家周敦颐、程颐、程颢、张载、邵雍等，他们提出了很多理学的基本概念；到了南宋，朱熹建立了一个比较完备的理论体系，由于该理论体系以程颐、程颢与朱熹的思想为主，史称程朱理学。宋代以后，程朱理学成为官方哲学。程朱理学认为"理"高于一切，为学提倡"即物而穷理"等。

与朱熹同时代的哲学家陆九渊等却不赞同朱熹的学说。陆九渊提出"心即理也""宇宙便是吾心"，与程朱派对立。到了明代，王守仁发展了陆九渊的学说，提出"心外无物""心外无理"，认知实践主张"知行合一"，为学则主张"明本心""致良知"，正式形成了陆王心学。

陆王心学影响很大，但没能动摇程朱理学的统治地位。到了清代，程朱理学遭到扭曲，成为统治者钳制思想、扼杀人性的帮凶。

儒家思想等影响深远的学说为何产生于春秋战国？

春秋战国时代，周天子实力日益衰弱，诸侯之间为了争夺土地和人口等资源展开了无休止的战争，迫切需要大量人才。于是，杰出的学者在列国之间辗转，学术争鸣的现象自然而然出现了。此外，传统的周礼遭到极大破坏，迫切需要建立新的社会秩序。正是这样的社会背景，才催生出影响深远的思想学说。

蔡伦改进造纸术

英国汉学家李约瑟在他的著作《中国科学技术史》中将造纸术、火药、印刷术、指南针称为中国古代的四大发明,在世界上产生了较为广泛的影响。其中,造纸术是在西汉时期诞生的,但真正让造纸术广泛流传的是东汉伟大的发明家蔡伦。

西汉时期的纸

根据目前的史料，世界上最早的纸出现于西汉。当时，人们用缫丝法制作丝绸，被淘汰的质量较差的蚕茧则用漂絮法来抽取丝绵。漂洗之后，席子上会遗留一些残絮，慢慢形成纤维薄片。将这些薄片晒干后剥离下来，就可以用来书写，称赫蹏或方絮，这就是最早的纸。但是，这种纸作为漂絮的副产物，产量是非常少的，因此价格昂贵，只有贵族才用得起，根本无法普及，因此当时的主要书写材料还是竹简和木简。

"蔡侯纸"问世

改变了纸的命运的人就是蔡伦。蔡伦少年时入宫当宦官，他聪明伶俐，得到当权的窦皇后的赏识，还曾经帮助汉和帝除掉了专权的外戚窦宪，因此当上了传达诏令、掌理文书、参与朝政的中常侍，位高权重，后来还被封为龙亭侯。

蔡伦曾兼任监制秘剑及诸器械的尚方令一职。担任尚方令期间，蔡伦监制的刀剑精工坚密成为后世效仿的对象。更重要的是，他和下属一起对造纸术进行了改进。蔡伦经过无数次实验，发明了一种把树皮、麻头、破布、渔网等常见原料进行挫、捣、烘等工艺程序，制成植物纤维纸的造纸术。这样制造出的纸不仅造价低廉，而且质量比过去的纸更好。公元105年，蔡伦向汉和帝献纸，并迅速推广全国，人们将这种纸称为"蔡侯纸"。

"蔡侯纸"的重要意义

蔡伦改进后的造纸术，采用了多种植物原料，以往造纸原料不足的问题得到了彻底的解决。通过对破麻布、麻头、破渔网和树皮等物资的利用，使得纸的成本大大降低了，并开创了木浆纸的先河。

"蔡侯纸"的实际制造过程，由于缺乏史料记载，已经难以详细了解了，但基本步骤已经固定下来，在机器造纸已经完全取代手工造纸的今天依然没有根本上的变化，足见"蔡侯纸"的工艺已经达到非常先进的地步。"蔡侯纸"问世后，造纸开始成为独立的行业。

造纸术的传播

蔡伦改进造纸术后不久,这项技艺就传到了朝鲜和越南,随后又传到日本。同时,造纸术也通过丝绸之路传播到印度和一些中亚国家。后来,欧洲人又从阿拉伯人那里学会了造纸术,并建立了造纸厂。19世纪,造纸术终于传遍世界各地。

造纸术为世界文明做出了怎样的贡献?

蔡伦改进后的造纸术,又经后人改进,传遍世界。丰富而廉价的纸张,使得信息的快速复制和传播成为可能,促进了文化的发展,同时促进了印刷术的发展,对世界文明起到了重要的推进作用。

祖冲之与圆周率

圆周率是指圆的周长与直径的比值,一般用希腊字母π表示,在数学及物理学中的应用非常广泛。古代科学不发达,想要计算圆周率需要进行艰辛而复杂的工作。南北朝时期,南朝宋、齐数学家祖冲之应用割圆术,将圆周率推算到小数点后7位数字,为世界数学做出了卓越贡献。

"祖率"的诞生

祖冲之出身官宦家庭,祖父是管理土木工程的官吏。祖冲之从小受到家庭熏陶,对天文学、数学等产生了浓厚兴趣。他对魏晋数学家刘徽给《九章算术》做的注解很感兴趣,对刘徽用"割圆术"来计算圆周率的方法拍案叫绝。但是,刘徽对自己算出的圆周率并不满意,因为它还可以更为精确。于是,祖冲之决心继续推算下去。

为了算出更加精确的圆周率,祖冲之需要对九位数进行加、减、乘、除及开方等十多个步骤的运算,且每个步骤都要进行十几次,开方则要进行50次运算。在当时,祖冲之要进行无比艰巨复杂的计算,只能靠一些名为"算筹"(算筹通常被视为算盘的前身)的小竹棍来进行。一旦算筹被碰歪或运算出错,就要从头开始,计算过程的辛苦可想而知。

祖冲之凭借一丝不苟的严谨态度,在付出艰巨的劳动之后,终于推算出圆周率在3.1415926与3.1415927之间,简化成3.1415926,后人称它为"祖冲之圆周率",简称"祖率"。

"祖率"的杰出成就

祖冲之是世界历史上首次将圆周率的准确数值算到小数点后7位数字的数学家，是当时世界上最精确的圆周率数值，标志着我国古代数学达到了高度发达的水平。此后漫长的岁月中，虽然世界各国都有数学家对圆周率进行探索，但都无法超越祖冲之的成就。直到将近1000年以后，阿拉伯数学家才得出更精准的数值。

此外，当时计算惯用分数，于是祖冲之采用了两个分数值的圆周率。其中一个较为精密，为355/113，被称为"密率"；另外一个比较粗疏，为22/7，被称为"约率"。其中密率是当分子和分母在1000以内时可以得到的

最佳值，欧洲数学家在千余年后才得到同样的结果。

后世对祖冲之的纪念

祖冲之与他的儿子祖暅合著的数学专著《缀术》，被列为唐朝官学必读的十部算经之一，且需学习四年，学习年限是十部算经中最长的。祖冲之的研究在世界上享有很高的声誉。为了纪念他，国际永久编号1888的小行星被命名为"祖冲之星"，国际天文学家联合会则把月球上的一座环形山命名为"祖冲之环形山"。

祖冲之为何得到后人的尊敬？

祖冲之付出艰辛努力推算出的圆周率，是当时世界上最精确的圆周率数值，后人在近1000年后才超越了他的成就。此外，他还创制了当时最先进的历法《大明历》，首次引入了"岁差"的概念，是一次较大的历法改革。祖冲之的种种成就，都值得后人的尊敬。

雕版印刷术与活字印刷术

蔡伦的造纸术发展之后，用竹木等制成的简牍并没有立即告别历史舞台。约在东晋时期，纸才彻底取代了简牍。最初，纸质书都是手抄的，到了唐朝，雕版印刷术出现了，这使得书籍留存的机会大大增加，读者数量大幅增长了。到了北宋，活字印刷术问世，印刷的效率更高了。

雕版印刷术

专家认为,雕版印刷术的出现与印章和拓碑有着直接的关系。其中,阳文印章刻的字是凸出来的,印到纸上为白底黑字,醒目易读,但印章容纳的文字太少;碑刻一般都是凹进去的阴文,拓印出的为黑底白字,不够醒目,但是石碑面积通常很大,可以一下子印出很多字。劳动人民大概就是在印章和拓碑的启发下,发明了雕版印刷术。

雕版印刷就是先将书写好的书稿贴在木板上,接着由工匠按照书稿一笔一笔地雕出凸起的反体文字,一块雕版就制作完成了。印书的时候先在雕版上刷上墨,再将白纸覆盖在板上,然后用一把刷子在纸背上刷一下,这样就印好了一页书。所有页都印好后装订成册,就印成了一本书。

活字印刷术

雕版印刷相比手工抄写是一个巨大的进步，因此沿用了很长时间。但是雕版印刷的弊病还是较为明显的。每印一页书，就需要刻一块板，费时费力。同时，只要刻错一个字，通常整块板就会报废，需要重新雕刻。而且，大批雕版的存放也是个很大的问题。

到了北宋时期，杭州一家书肆的一名普通刻工——毕昇，在长期的实践中，总结了雕版印刷的经验，并进行反复实践，发明了活字印刷术。他首先用胶泥制作了一个个规格一致的毛坯，在一端刻上反体的单字，接着用火将这些毛坯烧硬，就成为胶泥活字。常用字就多刻一些，生僻字则可以随刻随用。

印刷时，先在一块铁板上涂上松脂、蜡、纸灰的混合物，接着将活字按照书稿的顺序摆在铁板上。用火一烤，混合物就将活字粘在铁板上了，再用一块平整的板压一下，字面就变得平整了。这时，就可以在活字上刷墨印刷了。印刷时一般会用两块板，一块印刷，另一块排字。印完后再用火一烤，混合物熔化，就能将活字取下来，分类放好，以待下次印刷。

印刷术的影响

印刷术作为中国古代四大发明之一，先后传到朝鲜、日本以及中亚、西亚和欧洲地区，成为人类近代文明的先导，促进了知识的传播与交流。毕昇发明活字印刷术约400年后，德国人约翰内斯·古腾堡在欧洲流传的各项活字印刷技术的基础上发明了铅活字印刷术，标志着印刷开始步入工业化。

活字印刷术为何没能快速取代雕版印刷术？

活字印刷术虽然比雕版印刷术先进，但是制作活字的程序较为复杂，如果需要印刷的书不多，活字印刷术的效率就体现不出来。只有印刷量较大时，活字印刷术才显示出巨大的优势。古人识字率不高，印刷的书并不算太多，因此雕版印刷术与活字印刷术长期共存。

从司南到指南针

我国劳动人民在长期的实践中，接触了磁铁矿，认识到磁性的存在，并逐渐发现了磁石的指向性。经过千百年的实践和无数人的研究，具有实用价值的指南针终于出现了。随后，指南针经陆上丝绸之路和海上丝绸之路等途经西传，给人类的文明进程带来了重大影响。

发现磁石

古人在寻找铁矿与冶铁时，逐渐认识到磁石能够吸铁。战国末年诞生的《吕氏春秋·季秋纪·精通篇》中说："慈召铁，或引之也。"这是中国古代最早的对磁石性质的记载。后来人们又认识到磁石只能吸铁，不能吸其他物体。古人还把磁石想象成铁的母亲，因此把磁石称为"慈石"。《晋书·马隆传》中还记载了大将马隆在道路两旁堆放磁石，令身穿铁甲的敌兵无法动弹，使得敌兵以为马隆有天神相助遂不战而退的事迹。至于磁石为什么能吸铁，古人认为这是二者之间内在的"气"的联系造成的。

司南与指南车

我国战国时代出现的司南，就是指南针的始祖。司南的造型非常独特，由一个平滑的底盘和一个放置在底盘上的由天然磁石制成的勺子组成，勺子可以自由旋转，静止下来的时候，勺柄会指向南方。

但是，后人对司南产生很多质疑：天然磁石非常稀少，加工过程中很容易失磁。而且，磁勺与底盘的接触处要求非常光滑，否则磁勺就无法旋转，其制作难度之大可想而知。

此外，指南车也曾被视为早期指南针。相传，黄帝在与蚩尤作战时，发明了指南车，在大雾中找到方向，击败了蚩尤。这个故事当然是后人的附会，但指南车确实是真实存在过的，并一度被认为是用磁石驱动的。很多学者研究过指南车，但直到近代才有英国学者提出指南车是由差动轮系机构驱动的，并复原成功，因此今天多数学者认为指南车虽然是指示方向的工具，但与指南针没有关系。

指南针问世

司南、指南车、指南舟等指南工具，都已失传。随着人们对磁石性质的理解日益加深，真正意义上的指南针逐渐问世了。

在唐朝，由于堪舆学盛行，人们迫切需要方便的指南工具，于是，指南铁鱼、蝌蚪形指向器先后问世，随

后出现了水浮磁针。此外，堪舆学著作中指出了磁偏角的存在，这也是领先世界的发现。正是出于堪舆和航海的需求，更为成熟的指南针——罗盘问世了。在宋朝，罗盘已经出现在海船上了，并通过各种方式传到了西方，促进了世界航海业的发展。改变世界进程的地理大发现和海上贸易，都是以航海罗盘的问世为前提出现的。

古人是如何进行人工磁化的？

天然磁石不易找到，因此古代中国人发明了人工磁化的方法：他们将烧红的铁片放置在子午线的方向上，使铁片的内部分子活跃起来，并顺着地磁场方向排列。此时蘸水淬火，可以将铁分子的排列方式固定下来，产生方向性，就能用来指示南北了。这一方法对指南针的应用和发展起了巨大的作用。

黑色火药

说起我国影响世界的发明，就不得不提到黑色火药。黑色火药问世后，逐渐应用到军事领域。后来，各式火器不断涌现，逐渐终结了冷兵器时代，深刻改变了人类文明的进程。

炼丹术的副产品

早在战国时代，我国就诞生了炼丹术。方士们将汞、铅、金、硫等元素和多种药物进行配制后用火煅烧，宣称炼出的丹药吃了后能长生不死。虽然冷冰冰的现实告诉人们，所谓的仙丹根本就不存在，但依然有无数人特别是统治者乐此不疲，秦始皇、汉武帝、唐太宗等杰出君主，都没能抵制住"仙丹"的诱惑。

唐朝的炼丹术日益兴盛，炼丹家在炼丹过程中无意间配制出了黑色火药。唐朝医药学家、道士孙思邈在他的《丹经》一书中就记载，利用"伏火法"对硝石、硫黄、皂角等炼丹材料进行预处理时，可产生猛烈燃烧，实质上制成了火药。

火药早期军事用途

黑色火药问世后，人们很快发现用75%的硝石（硝酸钾）、15%的硫黄与10%的炭粉，能够令火药威力更加强大。唐朝末年，火药开始应用于军事用途，史料记载一名炼丹家建议军阀李希烈用火药加桐油点燃了敌营。大约20年后，约公元904年唐将郑璠用"发机飞火"烧毁了敌方的城门。所谓"飞火"，就是将火药团绑在箭杆上，点燃引信后发射出去。这被认为是应用火药武器的最早战例。

宋朝时火药武器的发展非常迅猛，出现了霹雳火球、火药箭、火蒺藜、铁嘴火鹞等燃烧性的火器。这些火器主要是利用火药的燃烧性能来引燃敌军的粮草，或仅用来震慑敌军。随着火药的爆炸力不断增强，元朝时火药武器已经开始侧重爆炸力了。此后，作战武器出现了飞跃性的进步。

火箭与火炮

火箭是火药武器的最初形态，后来不断得到改进。明朝初年，战场上开始广泛应用种类繁多的火箭武器，被称为"军中利器"。明朝的《火龙神器阵法》一书中记载了装有两个火药筒的火箭"二虎追羊箭"以及装有四个火药筒的"神火飞鸦"等多火药筒并联火箭。

同时，明朝还出现了第一个试图利用火箭的推进力来飞行的人——万户。万户将47个当时最大的火箭绑在一把椅子后面，让人将自己捆在椅子上，两手各持一个大风筝，接着让人将火箭一起点燃。结果可想而知，这样十分危险的举措让这位世界航天事业的先驱者献出了生命。今天，月球上有一座以万户来命名的环形山，体现了后人对这位探索者的纪念。

火炮也是中国最早发明的，现存最早的火炮是元朝的铜火铳。在此之前，商人已经将黑色火药经印度带到阿拉伯国家。文艺复兴后，英国人又从阿拉伯人手中获得了火药配方和火器技术，这是火药已经在中国诞生的数百年之后了。阿拉伯和欧洲得到火药和火器技术后，后来居上，他们的火炮威力超过了中国自己的火炮，又传入中国，被称为红夷大炮，也称红衣大炮。

中国最先发明火药，为何火器逐渐落后于西方？

明清时期，西方火器技术不断发展，中国的封建专制制度则制约了火器的发展。对于火器方面的发明与创造，封建统治者并不重视，这打压了火器研制者的创造性和积极性。同时，当时落后的科学思想也不利于中国火器技术的提升。

伟大的农业国度

  中国是一个农业大国，农耕文化是中国辉煌文明的母文化。中华上下五千年中，正是无数劳动人民的辛勤耕作，才使得华夏文明得以发展和延续，并为华夏文明注入了勤劳、敦厚、坚韧不拔等独特韵味。

水稻和大豆的故乡

今天，水稻已经成为世界上最重要的粮食作物之一，全世界人口中约有一半以水稻为食。中国是水稻的原产地，也是最早栽培水稻的国家。我们的祖先在长期进行植物采集时，经过仔细观察，发现了野水稻的生长规律，并掌握了栽培方法，逐渐将野水稻驯化了。大约在六七千年前，我国南方就已经开始种植水稻了。随后，水稻又经东南亚传到印度等地，与当地的野生稻杂交之后逐渐传遍世界各地。

原产于中国的大豆，今天也在世界各地广泛栽培。大豆有很高的营养价值，是理想的优质植物蛋白来源，大豆加工生产的豆油则是重要的食用油。我们的祖先不仅率先栽培大豆，又把大豆传播到世界各地。

水稻和大豆都是重要的粮食作物，中国的古人独具慧眼，对这两种作物进行了驯化，并找到行之有效的栽培方法，为人类的生存繁衍做出了巨大贡献。

养蚕缫丝

养蚕缫丝是我国独特的发明，也是我国传统农业的重要项目之一。养蚕缫丝制作出的丝绸制品，得到了世界各地人民的广泛喜爱，甚至诞生了一条伟大的商路——丝绸之路。

养蚕缫丝，从种植桑树开始。我国很早就将桑树视为重要的经济树种。战国时代思想家孟子在他的著作《孟子》中说："五亩之宅，树之以桑，五十者可以衣帛矣。"桑叶是蚕的主要食料。古人将蚕养在筛子中，不断采回桑叶喂养它们。蚕长大后会吐丝成茧，人们将茧煮过之后抽丝，接着将蚕丝纺织成美丽轻盈的丝绸。

中国的丝绸通过丝绸之路到达中亚与欧洲各国，贵族们趋之若鹜。丝绸源源不断地运往世界各地，换回了大量财富。

《齐民要术》与《农政全书》

南北朝时期，杰出农学家贾思勰创作出我国现存最早的完整农书——《齐民要术》。这是一部综合性的农学著作,对此前劳动人民的农牧业生产经验进行了一次全面的总结,堪称古代农业百科全书。书中涉及农艺、园艺、蚕桑、畜牧、兽医、酿造、烹饪及治荒的方法,构建了较为完整的农业科学体系。该书具有很强的科学价值与史料价值,受到很大的重视,后世很多农书都以它为范本。

到了明朝,由著名科学家徐光启创作的《农政全书》问世了,它是我国农学著述的一座丰碑。《农政全书》内容宏大,大量收录了前代的农业文献,又将作者的农业和水利方面的科研成果归纳其中,颇有实用价值,对植物栽培方法的论述尤具学术价值。

今天重要的农作物中有哪些外来物种呢?

小麦原产于西亚,约在5000年前传入中国;黄瓜、核桃、葡萄、石榴同样原产于西亚,约在汉朝时传入中国;玉米、花生、红薯、南瓜、番茄、马铃薯和辣椒原产于美洲,大约在明朝时传入中国……这些外来物种和原产于中国的农作物一道哺育了辉煌的华夏文明。

中国传统医学

中华民族在长期的生产、生活和实践中,不断积累和总结出独特的医学体系,并传承了数千年。传统医学为中华民族的生存繁衍和中国及邻国的健康事业做出了突出贡献。

"四诊法"

中医学作为传统医学的重要组成部分，有着复杂的理论体系，包括阴阳、五行、精气神、经络等学说，主要的诊病方法则是望、闻、问、切四诊法。根据史料记载，四诊法是由战国时代的名医扁鹊总结过去的经验并结合自己多年的医疗实践确立的。望，大致是指观察病人的神色、形态等；闻，即根据病人的声音或气味判断病情；问，即详细询问病人的病史、症状等各种状况；切，即切脉，通过病人动脉搏动的频率、强度、节律等了解病人的病情。

神奇的针灸

传统医学的治疗方法包括中药、方剂、针灸、推拿等，其中有"通其经脉，调其血气"之效的针灸，堪称世界医学之林的瑰宝。针灸是指用特制的针具以一定的角度刺进患者特定的身体部位，再配合捻转和提插等手法来治疗疾病。

针灸可治疗的病种极为广泛，疗效独特，又是一种自然疗法、绿色疗法，越来越受到世界各国人民的欢迎。

古代名医

东汉时期，有"神医"美誉的华佗精通内、外、妇、儿各科，据史料记载，他还发明了世界上最早的全身麻醉药——麻沸散，并使用麻沸散将患者麻醉后施行腹部手术。1848年，美国人威廉·莫顿发明了用乙醚进行全身麻醉的方法，这已经是麻沸散问世1600多年之后的事了。不过，由于麻沸散配方已经失传，所以专家对于它是否存在过这个问题还有很大的争议。

东汉名医张仲景有"医圣"之称,他著有传世巨著《伤寒杂病论》,概括了中医的四诊、八纲、八法,提出了包括理、法、方、药在内的"辨证论治"原则,是中医临床的基本原则。《伤寒杂病论》作为世界上首部经验总结性的临床医学著作,堪称当时世界上水平最高的医学专著。

到了唐朝,"药王"孙思邈创作了《千金方》一书,这是我国现存最早的医学类书。该书总结了《伤寒杂病论》之后数百年的方剂成就,具有非常高的学术价值。

南宋出现一位杰出的法医学家,他就是宋慈。宋慈长期担任主管刑狱的官员,有着丰富的法医经验,著有世界

上最早的法医学专著《洗冤集录》,为世界法医学的发展做出巨大贡献。

《本草纲目》

明朝时,著名医药学家、"药圣"李时珍撰写出伟大的天然药物学专著《本草纲目》。李时珍广泛阅读了前人的著作,经过长期艰苦的实地调查和行医实践,经过前后近40年的时间,终于完成了这部近200万字的巨著。

《本草纲目》不仅考证了过去本草学专著中的若干错误,综合了大量的科学资料,还提出了非常科学的药物分

类方法。书中不仅包括药物,还涉及医理、验案、天文、地理、生物、矿物、化学乃至历史资料,是一部具有世界性影响的博物学巨著。英国生物学家达尔文认为《本草纲目》是"中国古代的百科全书"。

我国古人在治疗传染病方面有什么成就?

我国古人发明了人工免疫疗法——人痘接种术,这是人类治疗传染病的一个里程碑式的成就。古代医学家很早就知道,一个人一旦染过某种传染病(主要为天花)并治愈,就会在很长时间内甚至终身不再染这种病,即使染上症状也会变得轻微。于是,古人就事先服用或接种传染病的有毒致病物质,让人体产生特殊的抵抗力。人痘接种术传到西方后经过改进,诞生了牛痘接种术。

中国茶文化

中国是茶叶的故乡,也是茶树的原产地。古人从何时开始喝茶已经无从考证了,从唐朝开始,茶叶逐渐流行起来,并传播到世界各地。今天,茶已经成为世界上最受欢迎的饮料之一。

茶文化起源与发展

有学者考证，中国西南部是世界上最古老的野生茶树的生长地。我国古籍中很早就有了有关茶的记载，当时将茶称为"荼"，人们常把茶叶当蔬菜来食用。关于饮茶、买茶，最早的较为可靠的记载，是西汉辞赋家王褒的《僮约》中"烹茶尽具""武阳买茶"两句。

西晋至南北朝，出现了人工栽培的茶园，达官贵人家常以茶果待客。当时，佛教与道教的盛行对茶文化的发展起到了推动作用，南朝梁道士陶弘景在自己的作品中称"苦茶轻身换骨"。

陆羽和《茶经》

真正让茶文化走进千家万户的，是唐朝的"茶圣"陆羽及其所著的《茶经》。

陆羽原本是一个被寺院抚养长大的孤儿，当过滑稽戏艺人,后以文才著称于世,与当时很多名士都有交往。陆羽一生嗜茶,精于茶道。他毕生没有做官,而是常年隐居山林,并到各地采集茶叶、寻觅山泉,获得了大量茶叶生产和制作的第一手资料。陆羽经过多年对茶叶和泉水的考察,创作出世界上第一部茶学专著——《茶经》。《茶经》详细讲述了茶叶的源流、产区、品种、栽培、采制、煮茶、用水、用具、品饮等内容。继《茶经》之后,具有影响的论茶著述陆续问世,多达上百种。

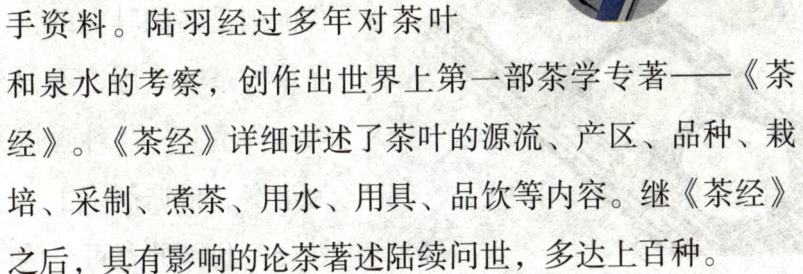

陆羽在世时,卖茶的店铺甚至将他当作"茶神"来供奉,在柜台上摆着陆羽的瓷像,祈求生意兴隆。到了唐朝末期,上至天子,下至庶民,人人都开始饮茶。

方兴未艾的茶文化

茶兴于唐,盛于宋。宋朝在茶的采摘、制作、品第、烹点等方面日益讲究,并出现了"斗茶"的习俗。所谓斗茶,就是将碾碎的饼茶过箩获得极细的茶末,用水将茶末调成膏状,随后在茶盏中点茶,以汤花匀细、无水痕者为胜。

明朝之前，人们饮茶往往先将茶叶碾碎，然后放入锅中煮沸，再盛出汤茶品饮。明朝时开始直接泡饮。清朝时工夫茶开始兴起，饼茶不再是主流，而是盛行绿茶和乌龙茶。

今天，茶叶已经成为一种世界性的饮料，我国则是名副其实的世界第一茶叶大国，不仅茶叶产量高，品种也极为丰富。根据制茶工艺划分，我国的茶可分为六大类：绿茶、红茶、乌龙茶、黑茶、白茶与黄茶。根据品种划分，可细分为数百种，著名的有碧螺春、大红袍、普洱茶、铁观音、龙井、茉莉花茶等。

除了中国，还有哪些国家热衷饮茶？

世界上热爱饮茶的国家非常多，很多国家都有独具特色的茶文化。例如，英国的下午茶，是很多人的生活习惯；俄罗斯的茶炊，曾经是家家户户必备的炊具；土耳其的人均茶叶消费量居于世界前列……

古代文学

在我国漫长的历史上,诞生了浩如烟海的文学作品,包括诗歌、散文、小说、戏剧等题材,异彩纷呈。先秦散文、汉赋、唐诗、宋词、元曲、明清小说等,都有无数佳作流传至今,值得我们细细品读和赏析。

《诗经》

中国历史上第一部诗歌总集,就是春秋时代诞生的《诗经》。《诗经》收集的是西周初期至春秋中叶流传的305首诗歌,在我国诗歌史上有着无与伦比的崇高地位。《诗经》由风、雅、颂三部分组成,其中"风"是各诸侯国的民歌;雅分《大雅》《小雅》,是当时的雅乐正声;颂分为《周颂》《鲁颂》和《商颂》,是周王室和诸侯在宗庙举行祭祀时的乐歌。

诸子散文

春秋战国是大变革时代,诸子百家互相争鸣又互相融合,留下了一大批杰出的散文作品。

诸子著作中影响力较大的有儒家的《论语》《孟子》《荀子》、墨家的《墨子》、道家的《老子》《庄子》、法家的《韩非子》等。这些著作大多简洁凝练,耐人寻味,对后世散文的影响非常大。

唐诗与宋词

从唐朝开始，我国古典诗歌开启了一个新的高峰时代。唐诗内容广泛，各大流派都有大量杰作问世。特别是盛唐的诗歌，既有"诗仙"李白创作的天马行空、热情洋溢的浪漫主义诗歌，也有"诗圣"杜甫创作的格律严谨、思想深沉的现实主义诗歌。此外，王昌龄、王维、孟浩然、李商隐、杜牧等，都创作出引领时代特色的诗作。

宋朝的诗歌以宋词为典型代表。宋词是词这一诗歌体裁发展的黄金时代，主要分为豪放派与婉约派两大流派。豪放派词作内容广泛、视野广阔、慷慨激昂，代表性词人有苏轼、辛弃疾等；婉约派词作以写爱情与离别为主，音律婉转和谐、用词清新绮丽、感情缠绵悱恻，代表性词人有柳永、晏几道、秦观、周邦彦、李清照、姜夔等。

明清小说

明、清两朝的小说取得了空前的成就。举例来说，元末明初诞生了《三国演义》《水浒传》这两部长篇章回体小说，明朝中后期又诞生了著名的神魔小说《西游记》与《封神演义》。这些作品家喻户晓，至今依然热读。

了不起的中国

清朝时，我国古典小说的巅峰之作——《红楼梦》问世了，这是一部从多角度展现古代社会世态百相的杰作。同时，文言短篇小说的巅峰之作《聊斋志异》与讽刺小说高峰《儒林外史》先后问世，让明清小说的成就更加璀璨夺目。

为何每个时代的文学特色都各有不同呢？

著名学者王国维说："凡一代有一代之文学，楚之骚，汉之赋，六代之骈语，唐之诗，宋之词，元之曲，皆所谓一代之文学，而后世莫能继焉者也。"文学是一个时代的缩影，时代的特征将不可避免地烙印在当时作者的脑海中，再由作者付诸笔端，使得文学也带有鲜明的时代特色。